REMARQUES

SUR

LA NATURE, LES BORNES ET L'ÉTENDUE

DE LA QUESTION

DES SURFACES ÉLASTIQUES,

ET

ÉQUATION GÉNÉRALE DE CES SURFACES;

PAR Mlle SOPHIE GERMAIN.

PARIS,

IMPRIMERIE DE HUZARD-COURCIER.

1826

REMARQUES

Sur la nature, les bornes et l'étendue de la question des Surfaces élastiques, et Équation générale de ces surfaces.

OBSERVATIONS PRÉLIMINAIRES.

Pour faire mieux apprécier les notions qui vont être exposées, il n'est peut-être pas inutile de présenter la marche des idées qui y ont conduit.

Lorsque, pour la première fois, je me suis occupée de rechercher, par rapport aux surfaces, l'expression des forces d'élasticité, je travaillais, pour ainsi dire, sous la dictée de l'expérience. La question était nouvelle alors; peut-être eût-il été difficile d'en poser les limites.

Les seuls phénomènes connus appartenaient au mouvement des plaques vibrantes; et pourtant la manière dont j'avais envisagé la force élastique me permettait déjà d'espérer qu'une hypothèse semblable serait applicable aux surfaces courbes.

Aucun des faits observés ne se rapportait au cas où l'épaisseur varierait d'un point à un autre de la surface; toutefois, la théorie, qui s'était formée sans aucun égard à une telle variabilité, se trouva propre à en expliquer les effets.

La direction qui doit être attribuée au mouvement des différens points de la surface vibrante n'avait pas été suffisamment déterminée; et l'on avait à cet égard plutôt des modèles que des doctrines. Dans le cas linéaire, les géomètres ont supposé que le mouvement s'exécute tout entier dans une direction perpendiculaire au plan de la lame en repos : j'admis la même chose par rapport aux surfaces planes. Guidée ensuite par l'analogie seule, je crus pouvoir supposer que le mouvement des divers points d'une surface courbe s'exécute tout entier dans des directions perpendiculaires aux plans tangens à chacun des mêmes points, considérés sur la surface en repos. J'ai reconnu depuis que cette supposition, loin de constituer une simplification particulière à certains cas du mouvement des surfaces, exprimait au contraire une condition essentielle à ce genre de mouvement.

Il m'avait enfin toujours paru certain que des simplifications analogues à celles qui servent à établir l'équation des plaques vibrantes conduiraient à trouver, pour les surfaces courbes, une équation du même ordre; j'avais même cherché à réaliser cette idée en prenant la surface cylindrique pour exemple; et il ne me restait aucun doute sur l'exactitude des formules que j'avais publiées : mais je reconnaissais cependant qu'une analyse embarrassée et fautive ôtait à ces formules le caractère d'évidence qui leur est nécessaire. J'éprouvais encore quelque difficulté à faire mieux, lorsque la légitimité des simplifications, qui n'avaient encore en leur faveur qu'une analogie plus ou moins bien établie, s'est montrée à mes yeux comme une conséquence nécessaire de la nature même de la question.

Je vais présenter cette question telle que je la conçois aujourd'hui; je donnerai ensuite l'équation générale des surfaces élastiques vibrantes.

§ I. *Exposition des conditions qui caractérisent la surface.*

1. Lorsque l'on porte son attention sur un objet nouveau, c'est surtout sa liaison aux idées précédentes qui en détermine le point de vue : on n'entrevoit qu'une partie du sujet; on ne saurait en mesurer l'étendue, et les définitions, qui sembleraient devoir se placer en tête des premières recherches, s'offrent au contraire comme un de leurs produits. Elles doivent sans doute être recueillies; car s'il est dans la nature de l'esprit d'attaquer la difficulté avant même de s'en être formé une idée complète, il ne peut cependant être pleinement satisfait que lorsqu'il est parvenu à circonscrire l'objet de ses recherches.

Tel est le but des réflexions qu'on va lire. J'ai voulu remonter jusqu'aux idées les plus élémentaires, afin d'en tirer la connaissance parfaite de la question que j'ai entrepris de résoudre.

La première difficulté qui se présente est de s'entendre sur la signification précise de cette dénomination *surface élastique*. On voit aisément que les notions géométrique et physique de la surface diffère essentiellement entre elles; car tandis que l'une admet l'abstraction de l'épaisseur, l'autre tient compte des valeurs diverses que cette épaisseur peut recevoir. Si, après avoir remarqué qu'on a, d'un côté, deux, et de l'autre, trois dimensions, on veut considérer la surface comme un corps solide, on s'écarte encore du caractère qui lui convient, et l'on ne conçoit plus comment une hypothèse qui exprime le seul fait d'un changement dans la figure de la surface peut être applicable au solide que revêt cette surface.

Il résulte de ce premier aperçu, que l'idée de la *surface élastique* est, en quelque sorte, mixte entre celle de la surface géométrique et celle du solide. En effet, d'une part, la surface géométrique n'ayant aucune existence réelle, se refuse à toute idée de mouvement, et, de l'autre, les molécules qui composent l'épaisseur d'un solide ne peuvent être confondues avec celles qui appartiennent à une des faces du même solide, qu'en vertu de conditions particulières. De telles conditions entrent nécessairement dans la notion que nous voulons éclaircir, et elles la complètent; nous allons tâcher de les reconnaître.

Pour y parvenir, concevons un corps doué d'élasticité, dont une des dimensions soit fort petite, et considérons-le comme partagé en un nombre infini de couches parallèles entre elles et d'une épaisseur infiniment petite; nous pourrons admettre que, si ce corps a été soumis à l'action d'une force extérieure qui ait obligé chacune de ses couches à prendre une figure nouvelle et semblable pour chacune d'elles, la force qui tendra à ramener les molécules du même corps à leur position naturelle aura pour mesure la différence de courbure entre la figure naturelle et ce que j'ai nommé la *figure élastique* de la surface. Sans doute, cette condition d'identité a toujours été sous-entendue et, sans son appui, les géomètres qui ont déterminé les mouvements dont la lame élastique est susceptible, n'auraient pu se résoudre à reléguer une des dimensions du solide dans un coefficient constant où elle se trouve, pour ainsi dire, confondue avec des quantités d'un genre fort différent.

La manière dont Bernouilli a démontré l'hypothèse relative au cas linéaire est conforme à cette notion. Que l'on retranche une partie des zones dans lesquelles nous concevons que l'épaisseur est divisée, il en résultera seulement que l'épaisseur sera diminuée, mais la démonstration restera tout entière.

Cela posé, nous pouvons donc dire qu'un solide doué d'élasticité, et dont l'épaisseur est fort petite, par rapport à ses autres dimensions, reçoit le nom de *surface élastique* lorsqu'il est assujetti à cette condition, que, abstraction faite du temps, chacune des couches dans lesquelles on peut concevoir son épaisseur divisée se comporte, durant le mouvement de ce solide, de la même manière que si elle était isolée.

L'expression consacrée se trouvera ainsi pleinement justifiée; car si l'idée physique de la surface convient aux points superficiels qui terminent les faces du solide, la condition qui exige que les points intérieurs jouissent aussi des propriétés dynamiques qui appartiennent aux premiers semble permettre de considérer l'épaisseur d'un tel solide comme composée d'un nombre infini de surfaces superposées.

Nous allons développer les conséquences de la définition qui vient d'être énoncée.

2. On voit d'abord que, dans chacun des points de la surface, le mouvement s'exécute tout entier suivant une direction perpendiculaire au plan tangent. S'il en était autrement, les diverses zones qui composent l'épaisseur présenteraient, pendant ce mouvement, des figures différentes entre elles. On s'en convaincra en prenant pour exemple la situation des points qui appartiennent à ce qu'on a nommé *centre de vibration*. Si l'on suppose que le mouvement ait lieu dans toute autre direction, les points qui, sur chacune des zones, s'éloignent plus que tous les autres de leur position naturelle ne seraient pas placés dans la perpendiculaire au plan tangent : ils présenteraient sur les faces opposées, qui sont en même temps les zones extrêmes, un arrangement différent pour chacune d'elles; et il en serait de même des lignes *nodales*, ainsi que de toute autre valeur intermédiaire de l'ordonnée qui mesure l'espace parcouru, durant le mouvement, par les divers points de la surface.

L'invariabilité de l'épaisseur résulte évidemment de la direction qui est attribuée au mouvement; car toutes les molécules qui appartiennent à la perpendiculaire au plan tangent, prolongées dans l'intérieur même de la surface, sont animées de vitesses égales; d'où il suit qu'aucune force ne tend à changer la situation relative de ces molécules, et que la tranche qu'elles composent conserve la même épai seur. Il n'en serait pas de même si l'on admettait toute autre directio du mouvement : la vitesse pourrait être décomposée suivant deux ligne l'une perpendiculaire au plan tangent, l'autre comprise dans des plan parallèles au même plan tangent, et cette dernière partie de la vitesse se rait employée à pousser vers la tranche voisine les molécules qui appar tiennent à une des tranches de la surface. On a vu plus haut que les plu grandes valeurs de l'ordonnée qui mesure le déplacement des point de la surface ne seraient plus situées alors dans la perpendiculair au plan tangent ; il en résulterait que les molécules qui appartiennen à une même tranche, animées de vitesses différentes, pénètreraie plus ou moins dans la tranche voisine ; il y aurait donc compressio et dépression dans plusieurs des points de la surface : l'épaisseu varierait nécessairement, à raison d'un tel mouvement, et la den sité ne serait pas non plus égale dans tous les points.

Les raisonnemens qu'on vient de développer ne cesseraient pas d'êtr applicables, lors même qu'il s'agirait d'une surface où l'épaisse ne serait pas également répartie entre tous les points ; seulement l différentes couches que nous avons considérées participeraient à u inégalité correspondante, mais le mouvement s'exécuterait toujou dans la même direction, et par conséquent il ne donnerait lieu aucune variation d'épaisseur.

Dès qu'on a reconnu l'invariabilité de l'épaisseur, également ou inég lement répartie, comme une des conditions du mouvement de la su face, on est autorisé à faire entrer cette dimension dans le coefficient qui contient en même temps un facteur dépendant de l'élasticit naturelle, c'est-à-dire du choix de la matière employée.

J'étais déjà arrivée à un résultat semblable, en examinant la que tion sous un autre point de vue (*). J'avais trouvé que les effe

---

(*) On n'était pas d'accord sur l'exposant qui doit être attribué à l'épaisseu J'avais montré (p. 13, n° 8 de mes *Recherches sur la Théorie des surfaces élas tiques*) que l'on doit prendre la puissance quatrième. L'extrême diversité d'opinio qui régnait encore à cet égard, parmi les géomètres, m'a engagée depuis à sou mettre ce résultat à un nouvel examen. Après avoir discuté tout ce qui a été publi sur ce sujet, j'ai établi que, dans le cas où l'épaisseur est uniforme, l'expérienc

d'une épaisseur qui différerait d'un point à un autre d'une plaque vibrante suivant une loi que j'ai en effet soumise à l'expérience, n'empêcheraient pas que l'analyse qui convient à un cas donné de la vibration d'une plaque d'épaisseur constante fût applicable à une autre plaque dont l'épaisseur moyenne serait égale à l'épaisseur constante de la première. De part et d'autre, les mêmes sons correspondent au même nombre de lignes nodales : la différence se manifeste uniquement dans l'arrangement de ces lignes, et la théorie rend compte de leur déplacement.

La nature de la question des surfaces vient d'être, ce me semble, clairement exprimée; elle renferme tous les cas où le déplacement des points intérieurs du solide est tellement lié à celui des points extérieurs, et réciproquement, que ni les uns ni les autres ne peuvent recevoir aucun mouvement qui leur soit particulier; elle est étrangère à tout autre effet de la force motrice.

Lorsqu'un corps doué d'élasticité a éprouvé une action extérieure, il suffit, pour obtenir la mesure de la force avec laquelle il tend à se rétablir dans son état naturel, de connaître et de pouvoir exprimer le changement qu'il a subi. Cette proposition est générale. Soit qu'un tel changement se présente comme un fait unique, soit qu'il puisse être décomposé en plusieurs effets partiels, toujours, et en vertu du principe même de l'élasticité, l'existence d'un changement mesurable

---

confirme le choix de la quatrième puissance, mais seulement en fournissant les mêmes mesures que la théorie relativement à l'influence d'un changement donné d'épaisseur. Cherchant ensuite, à l'aide du calcul, quelle puissance il conviendrait d'adopter si l'épaisseur n'était pas également répartie entre tous les points de la plaque élastique, j'ai été conduite à cette singulière conclusion, que tout autre exposant mettrait la théorie et l'expérience dans une telle contradiction, que la théorie annoncerait l'impossibilité des phénomènes que l'expérience rend sensibles et mesurables; en sorte que le choix de l'exposant n'intéresserait plus alors seulement la quantité, mais l'existence même des faits acoustiques.

Les recherches dont je fais mention ici ont été rassemblées dans un Mémoire que j'ai présenté à l'Académie il y a environ deux ans, et dont MM. de Prony et Poisson, nommés commissaires, n'ont pas encore fait le rapport. Je publierai ce Mémoire lorsque l'examen successif de tout ce qui concerne la théorie des surfaces élastiques en amènera l'occasion.

offrira à l'analye les seules données dont elle ait besoin, et il ser au moins inutile de remonter plus haut et de chercher à se faire un idée de la cause première qui produit l'élasticité.

A l'égard des surfaces, le changement causé par une action étran gère peut être embrassé d'un seul coup d'œil; il se réduit à fair varier la courbure. Ce changement exige que l'élément de la surfac ait éprouvé une certaine dilatation, sans laquelle il ne pourrait s'êtr prêté à la forme nouvelle que la même surface a été forcée de prendre De là deux termes généraux dont la liaison est évidente et qui con tiennent la question tout entière.

Le cas le plus simple qu'on puisse imaginer serait celui où la sur face appartiendrait, avant et après l'action qu'elle a subie, à deu sphères de rayons différens. Sans prétendre attribuer aucune réalit à de telles suppositions, prenons-les pour exemple.

Dans le premier des termes généraux, la force élastique sera em ployée à détruire la différence de courbure qui existe entre nos deu sphères : la mesure de cette force sera donc proportionnelle à cett même différence. La courbure d'une sphère est en raison inverse de so rayon; ainsi la force élastique sera ici proportionnelle à la différenc entre les raisons inverses des rayons des deux sphères; toute autr mesure d'une telle force serait évidemment contraire à la nature d la question.

Il ne sera pas plus difficile d'obtenir l'expression de la force qu donne lieu au second des termes généraux. En effet, la dilatatio naturelle de l'élément a reçu une certaine augmentation, lorsqu'il s'es prêté à la forme nouvelle que la surface a été obligée de prendre; i faut en conclure que cet élément tend à se contracter avec un force proportionnelle à la différence entre sa dilatation actuelle et s dilatation naturelle. L'étendue de la surface sphérique étant propor tionnelle au produit du diamètre par le rayon, la dilatation de l'élé ment est en raison inverse du même produit. Nous comparons deux élémens sphériques, et dès-lors la mesure de la force avec laquelle l'élément que nous considérons tend à se contracter sera proportion nelle à la différence entre deux raisons inverses composées de la même manière.

Ces considérations seront applicables à toutes les courbures possibles des surfaces, envisagées tant avant qu'après le changement de forme qu'elles ont subi, s'il est vrai que, à chaque point d'une surface de figure quelconque, correspond une surface sphérique qui en représente la courbure moyenne, et que la force employée, dans un point donné, à ramener à sa forme naturelle la surface dont la courbure est inégalement répartie, soit égale à l'effort nécessaire pour changer l'une en l'autre les deux surfaces sphériques de moyennes courbures.

L'énoncé de cette proposition exige que la somme des forces dont l'effet pourrait être de confondre, dans un point donné, la courbure de la surface avec celle de la sphère de moyenne courbure, soit toujours nulle; car, s'il en était ainsi, on ne verrait aucune raison pour que la manière dont la courbure est répartie autour d'un des points de la surface dût influer sur la valeur de la force qui, dans le même point, tend à ramener cette surface à sa figure naturelle.

Cherchons maintenant comment se compose la somme dont il nous importe de connaître la valeur, et afin d'y parvenir, considérons le système de la surface courbe et de la surface sphérique de moyenne courbure.

Pour un des points de la surface, soient f et g les rayons de principales courbures, le rayon de notre sphère sera $\rho = \frac{2fg}{f+g}$; son centre se trouvera sur la ligne perpendiculaire à la surface; il y aura intersection entre cette surface et la sphère; ces intersections seront contenues dans des plans qui feront l'angle de 45° avec ceux des courbures principales, en sorte que les quatre quadrans de la sphère seront alternativement situés au-dessus et au-dessous de la surface.

Cela posé, r étant le rayon osculateur de la courbe due à l'intersection du plan qui fait l'angle φ avec le plan de moindre courbure; on a, par les formules connues, $r = \frac{2fg}{f+g+(g-f)\cos 2\varphi}$, et par conséquent, $\frac{1}{r} - \frac{1}{\rho} = \frac{(g-f)}{2fg}.\cos 2\varphi$. La force qui pourrait être employée à confondre la courbe dont le rayon osculateur est r, avec l'arc du grand cercle contenu dans le même plan, est donc proportionnelle à $\frac{(g-f)}{2fg}$.cos 2φ (*). Si l'on prend $\varphi=45°$, cette force sera nulle, puisqu'alors l'intersection du plan sécant et de la surface se confondra avec celle du même plan et de la sphère de moyenne courbure.

Si ensuite, au lieu de rapporter la position du plan sécant à celle du plan de moindre courbure, on voulait mesurer sa distance angulaire au plan de moyenne courbure, c'est-à-dire à celui dans lequel les intersections des deux surfaces se confondent, on aurait, en nommant θ l'angle compris, $2\varphi=90\pm2\theta$, $\cos 2\varphi=\pm\sin 2\theta$; r et r' sont les rayons osculateurs des courbes dues aux intersections des plans qui, au-delà et en-deçà de celui de moyenne courbure, font avec ce plan le même angle θ. Les forces nécessaires pour confondre ces deux courbes avec les arcs de cercle correspondans seront donc égales de part et d'autre, mais elles seront de signes contraires. Il est facile de se rendre raison de cette diversité de signes; car une de ces forces tendrait à abaisser l'arc de courbe auquel elle serait appliquée, tandis que l'autre agirait dans un sens opposé pour élever la courbe jusqu'à sa rencontre avec la surface sphérique. Les mêmes raisonnemens conviendraient également à toutes les valeurs possibles de l'angle θ. Nous en conclurons que la somme des forces qui pourraient être employées à confondre la surface courbe avec celle de la sphère qui mesure la courbure moyenne de cette surface, est toujours nulle.

L'idée de considérer, dans une surface de figure quelconque, la quantité de la courbure comme indépendante des différences de formes, et comme pouvant toujours être détruite par des forces d'une égale puissance, a été déjà émise dans mes *Recherches sur la théorie des surfaces*, p. 7, n° 5.

Sans avoir l'intention de reproduire la démonstration qui fait l'objet du paragraphe que je viens de citer, j'ai cru devoir rappeler le principe qui sert de base à la théorie des surfaces. L'exemple que j'ai choisi m'ayant paru propre à en faire mieux comprendre la nature,

(*) Cette conclusion suppose que, au moins dans le cas linéaire, l'hypothèse généralement employée n'est pas contestée.

j'ai voulu montrer comment la notion des courbures moyennes permet d'appliquer les mêmes raisonnemens à toutes les figures possibles de la surface (*).

Au reste, je n'aurais rien d'important à ajouter aux deux premiers paragraphes du Mémoire que j'ai déjà publié; ils sont dans un parfait accord avec ce qu'on vient de lire. Peut-être la discussion à laquelle je me suis livrée alors serait-elle surabondante aujourd'hui, où l'incertitude des premiers pas semble avoir disparu. La simplicité des principes, la généralité des formules et la confirmation de l'expérience ne sauraient en effet se réunir en faveur d'une théorie erronée : ici, chaque point de vue nouveau apporte une confirmation nouvelle à la doctrine que j'ai exposée; je chercherai désormais à en multiplier les applications.

Le § III du même Mémoire doit être réformé. Par cette raison, avant de donner l'équation générale, je m'occuperai de celle de la surface cylindrique, qui est l'objet de ce même paragraphe, et je conserverai, le plus qu'il me sera possible, les formes qui y ont été adoptées.

§ II. *Équation générale des surfaces élastiques vibrantes.*

3. Reprenons la somme

$$-SSN^2\left[\frac{1}{r}+\frac{1}{r'}-\left(\frac{1}{R}+\frac{1}{R'}\right)\right]\delta\left[\frac{1}{r}+\frac{1}{r'}-\left(\frac{1}{R}+\frac{1}{R'}\right)\right]dm$$
$$+SS\frac{N^2}{2}\left[\left(\frac{1}{r}+\frac{1}{r'}\right)^2-\left(\frac{1}{R}+\frac{1}{R'}\right)^2\right]\delta dm,$$

des termes généraux, telles qu'elle a été donnée n° 11, p. 7, des *Recherches sur la théorie des surfaces*, en faisant observer que, à raison de l'invariabilité de la somme $\frac{1}{R}+\frac{1}{R'}$, il est indifférent d'écrire

$$\delta\left(\frac{1}{r}+\frac{1}{r'}\right), \text{ ou } \delta\left[\frac{1}{r}+\frac{1}{r'}-\left(\frac{1}{R}+\frac{1}{R'}\right)\right].$$

(*) La considération des valeurs moyennes se présente à chaque instant dans les recherches qui nous occupent. C'est ainsi que, en traitant une question accessoire dont j'ai déjà eu occasion de parler, l'emploi des épaisseurs moyennes m'a permis de faire usage d'une analyse simple dans des cas qui, au premier coup d'œil, paraîtraient devoir être très compliqués.

Il convient de rappeler la valeur de chacune des quantités employées dans cette formule.

N^2 est le coefficient constant qui a pour facteur la quatrième puissance de l'épaisseur ; R et R', d'une part, r et r', de l'autre, sont les rayons des principales courbures des figures *naturelle* et *élastique* de la surface ; cette dernière dénomination signifie que la force qui est, pour ainsi dire, latente lorsque la surface conserve sa forme et ses dimensions naturelles, devient agissante aussitôt qu'une action extérieure a obligé cette surface à prendre une courbure nouvelle.

Les termes généraux étant connus, il ne reste plus qu'à y introduire les simplifications propres à en tirer l'équation que nous cherchons.

Écrivons d'abord les valeurs générales des sommes $\frac{1}{r}+\frac{1}{r'}$ et $\frac{1}{R}+\frac{1}{R'}$.

Soient x, y et z les coordonnées d'un point quelconque de la surface; en faisant, comme à l'ordinaire, $p=\frac{dz}{dx}$, $q=\frac{dz}{dy}$, ... $k=\sqrt{1+p^2+q^2}$, on aura

$$\frac{1}{R}+\frac{1}{R'}=\frac{1+q^2}{k^3}\cdot\frac{d^2z}{dx^2}-\frac{2pq}{k^3}\cdot\frac{d^2z}{dxdy}+\frac{1+p^2}{k^3}\cdot\frac{d^2z}{dy^2}.$$

Si l'on accentue les mêmes quantités pour indiquer qu'elles se rapportent à la figure *élastique* de cette surface, on aura également

$$\frac{1}{r}+\frac{1}{r'}=\frac{1+q'^2}{k'^3}\cdot\frac{d^2z'}{dx'^2}-\frac{2p'q'}{k'^3}\cdot\frac{d^2z'}{dx'dy'}+\frac{1+p'^2}{k'^3}\cdot\frac{d^2z'}{dy'^2}.$$

Rien n'empêche de prendre pour plans coordonnés ceux qui, pour un point donné de la surface, contiennent les lignes de principales courbures.

Choisissons la surface cylindrique pour exemple. Par la nature de cette surface, lorsque le plan de moindre courbure est celui des z et x, quel que soit le point choisi sur la surface, l'angle compris entre la trace du plan tangent et l'axe des x est nul; p représente la tangente de cet angle; on a donc alors $p=0$, et par conséquent

$$\frac{1}{R}+\frac{1}{R'}=\frac{1}{k}\left(\frac{d^2z}{dx^2}+\frac{1}{k^2}\cdot\frac{d^2z}{dy^2}\right).$$

En restreignant nos recherches au cas de la surface vibrante, c'est-à-dire en supposant que le changement de figure survenu à la surface soit fort petit, nous serons autorisés à négliger les quantités p'^2, $p' \frac{d^2z'}{dx'dy'}$, qui sont du second ordre. Nous aurons donc

$$\frac{1}{r} + \frac{1}{r'} = \frac{1}{k'}\left(\frac{d^2z'}{dx'^2} + \frac{1}{k'^2} \cdot \frac{d^2z'}{dy'^2}\right).$$

Prenons pour origine le centre du cercle qui, dans un point A de la surface, mesure sa plus grande courbure, et choisissons le plan des x et y, en sorte qu'il soit parallèle au plan tangent en A. Cela posé, si de l'origine on mène à ce premier point et à un second point B, pris également sur la surface, les deux rayons qui font entre eux l'angle v, et qu'on répète la même opération après que la surface a été ployée à une courbure nouvelle, il est évident que l'angle v', compris alors entre les rayons, sera égal à l'angle v. Pour s'en convaincre, il suffit de remarquer que les rayons sont perpendiculaires aux plans tangens en A et en B. Nous avons vu, en effet, que par rapport à la surface, le mouvement s'exécute tout entier dans des directions perpendiculaires aux plans tangens; nous en conclurons qu'un tel mouvement fait varier la grandeur des rayons sans altérer l'angle qu'ils comprennent.

L'équation $v = v'$, qui a lieu pour tous les points de la surface, donne tang $v =$ tang v'; ou, ce qui est la même chose, $q = q'$, et par conséquent aussi $1 + q^2 = 1 + q'^2$, $k = k'$.

La petitesse des mouvemens permet encore de prendre $ds = ds'$; et il est évident qu'en négligeant ici la différence entre les élémens des courbes naturelle et *élastique* de la surface et d'un même plan normal, on agit conformément à ce qui a été pratiqué à l'égard des surfaces planes, puisqu'alors on a négligé les carrés de p et de q, ce qui revient à prendre dy et dx, au lieu des arcs $dy\sqrt{1+q^2}$, $dx\sqrt{1+p^2}$. A cause de $ds = kdy$, $ds' = k'dy'$, lorsqu'on néglige la différence entre ds et ds', on doit mettre aussi dy au lieu de dy'. Il est clair d'ailleurs qu'on a partout $x = x'$.

Enfin, suivant ce que nous avons établi, l'ordonnée z n'est autre chose que le rayon mené au point A. Pendant le mouvement, ce rayon varie de grandeur. Supposons que sa valeur z augmente d'une quantité fort petite θ, nous aurons $z' = z + \theta$. En ayant égard à ce qui précède, et en mettant dans les valeurs de $\frac{1}{R} + \frac{1}{R'}$ et de $\frac{1}{r} + \frac{1}{r'}$, au lieu de k et de k', leur valeur $\sqrt{1+q^2} = \frac{1}{\cos\nu}$, nous trouverons l'équation

$$\frac{1}{r} + \frac{1}{r'} - \left(\frac{1}{R} + \frac{1}{R'}\right) = \cos\nu\left[\frac{d^2(z+\theta)}{dx^2} + \cos^2\nu\,\frac{d^2(z+\theta)}{dy^2} - \left(\frac{d^2z}{dx^2} + \cos^2\nu\,\frac{d^2z}{dy^2}\right)\right]$$
$$= \cos\nu\left(\frac{d^2\theta}{dx^2} + \cos^2\nu\,\frac{d^2\theta}{dy^2}\right).$$

4. On parviendrait au même résultat en considérant isolément chacun des points de la surface. Ainsi, à l'égard du point A où, par construction, le plan tangent est parallèle au plan des xy, il est clair qu'on a non-seulement $p = 0$, mais encore $q = 0$. Les valeurs données plus haut deviennent donc

$$\frac{1}{R} + \frac{1}{R'} = \frac{d^2z}{dx^2} + \frac{d^2z}{dy^2},\ \frac{1}{r} + \frac{1}{r'} = \frac{d^2(z+\theta)}{dx^2} + \frac{d^2(z+\theta)}{dy^2},\ \frac{1}{r} + \frac{1}{r'} - \left(\frac{1}{R} + \frac{1}{R'}\right) = \frac{d^2\theta}{dx^2} + \frac{d^2\theta}{dy^2}.$$

Cette dernière formule aurait pu être trouvée *à priori*, si l'on avait observé que la valeur de la différence $\frac{1}{r} + \frac{1}{r'} - \left(\frac{1}{R} + \frac{1}{R'}\right)$ doit être égale à la somme des raisons inverses des rayons de principales courbures d'une surface plane vibrante, rapportée aux coordonnées θ, x et y, dont l'origine serait sur la surface en repos. Rien n'empêche, en effet, de considérer le plan tangent lui-même comme doué des forces d'élasticité qui appartiennent aux plaques vibrantes ; et, puisque le point A est commun à la surface et au plan, l'expression de ce genre de force doit être la même pour l'un et pour l'autre.

Si, par rapport au point B, l'ordonnée perpendiculaire au plan tangent est t, et que u soit en même temps la ligne qui fait avec l'axe des y l'angle ν, égal à celui que t fait avec z, on trouvera de même, en prenant $t' = t + \rho$,

$$\frac{1}{r} + \frac{1}{r'} - \left(\frac{1}{R} + \frac{1}{R'}\right) = \frac{d^2\rho}{dx^2} + \frac{d^2\rho}{du^2} \ldots \text{ (A).}$$

Maintenant, pour rapporter, comme il convient de le faire, les différens points de la surface au même système de coordonnées, on peut avoir recours aux formules qui servent à changer deux seulement des trois coordonnées : ces formules sont, pour la figure naturelle,

$$\left.\begin{array}{l} t = z\cos v + y\sin v \\ u = y\cos v - z\sin v \end{array}\right\}\ldots\ldots(a), \qquad \left.\begin{array}{l} z = t\cos v - u\sin v \\ y = t\sin v + u\cos v \end{array}\right\}\ldots\ldots(b).$$

Pour la figure *élastique*,

$$\left.\begin{array}{l} t+\rho = (z+\theta)\cos v + y'\sin v \\ u' = y'\cos v - (z+\theta)\sin v \end{array}\right\}\ldots(a'), \qquad \left.\begin{array}{l} z+\theta = (t+\rho)\cos v - u'\sin v \\ y' = (t+\rho)\sin v + u'\cos v \end{array}\right\}\ldots(b').$$

Si l'on soustrait la première des équations (a) de la première des équations(a'), on obtient celle qui suit $\rho = \theta\cos v + (y'-y)\sin\theta \ldots (a'')$.

Nous avons négligé la différence $dy'-dy$; nous pouvons donc considérer $y'-y$ comme constante. Cela posé, l'équation (a'') donnera

$$\frac{d\rho}{du} = \frac{d\theta}{dy}\cdot\frac{dy}{du}\cdot\cos v, \qquad \frac{d\rho}{dx} = \frac{d\theta}{dx}\cdot\cos v,$$

$$\frac{d^2\rho}{du^2} = \frac{d^2\theta}{dy^2}\cdot\left(\frac{dy}{du}\right)^2\cdot\cos v, \qquad \frac{d^2\rho}{dx^2} = \frac{d^2\theta}{dx^2}\cdot\cos v.$$

La dernière des équations (b) donne encore $\frac{dy}{du} = \cos v$; $\frac{d^2\rho}{du^2}$ se change alors en $\frac{d^2\theta}{dy^2}\cdot\cos^3 v$; on a $\frac{d^2\rho}{dx^2} + \frac{d^2\rho}{du^2} = \cos v\frac{d^2\theta}{dx^2} + \cos^3 v\frac{d^2\theta}{dy^2}$; et, par conséquent,

$$\frac{1}{r} + \frac{1}{r'} - \left(\frac{1}{R} + \frac{1}{R'}\right) = \cos v\left(\frac{d^2\theta}{dx^2} + \cos^2 v\,\frac{d^2\theta}{dy^2}\right);$$

équation qu'on a déjà trouvée dans le n° précédent.

Cette dernière équation prendra une forme plus simple si l'on écrit ds^2 au lieu de $\frac{1}{\cos^2 v}\cdot dy^2$, et si l'on substitue à $d^2\theta$ sa valeur $\frac{d^2\rho}{\cos v}$, obtenue par la différentiation de l'équation (a''). On aura ainsi

$$\frac{1}{r} + \frac{1}{r'} - \left(\frac{1}{R} + \frac{1}{R'}\right) = \frac{d^2\rho}{dx^2} + \frac{d^2\rho}{ds^2} \;\ldots\; (B)\ (*).$$

(*) Si l'on prend la peine de comparer l'expression de $\frac{1}{r} + \frac{1}{r'} + \frac{1}{a}$, à laquelle j'étais parvenue (page 25 des *Recherches*, etc.), à la présente valeur de

On voit que les équations A et B, qui sont d'ailleurs entre les mêm quantités, diffèrent uniquement par la substitution de ds à du.

Cette substitution aurait pu s'opérer immédiatement ; car, l'ordonn u n'étant autre chose que la tangente à la ligne s de plus grande cou bure, on a toujours $du = ds$.

Dans l'exemple que nous avons choisi, pour tous les points de la su face, la ligne de moindre courbure est parallèle à l'axe des x : il suf donc alors de changer deux seulement des trois coordonnées. Si l'o voulait appliquer les mêmes raisonnemens à toute autre courbure considérer, ainsi que nous venons de le faire par rapport à la form cylindrique, chacun des points de la surface comme étant commun autant de plans tangens doués des propriétés qui conviennent au plaques élastiques vibrantes, on aurait, dans chaque point, trois coo données différentes. En conservant à ρ et à u les mêmes signification et en désignant par u' la troisième des coordonnées, l'équation (A) de viendrait $\frac{1}{r}+\frac{1}{r'}-\left(\frac{1}{R}+\frac{1}{R'}\right)=\frac{d^2\rho}{du'^2}+\frac{d^2\rho}{du^2}$.

Nous avons remarqué que, u étant la tangente de la ligne s de plu grande courbure, on a l'égalité $du = ds$; u' serait aussi la tangente d la ligne s' de moindre courbure; on aurait donc $du = ds$; et, par con séquent, il faudrait écrire l'équation (B) comme il suit :

$$\frac{1}{r}+\frac{1}{r'}-\left(\frac{1}{R}+\frac{1}{R'}\right)=\frac{d^2\rho}{ds'^2}+\frac{d^2\rho}{ds^2}\ \ldots\ (B').$$

On voit que les trois coordonnées sont actuellement le rayon vecteu

---

$\frac{1}{r}+\frac{1}{r'}-\left(\frac{1}{R}+\frac{1}{R'}\right)$, il suffira, pour reconnaître l'identité des formes, de re marquer que, à l'égard de la surface cylindrique, la somme $\frac{1}{R}+\frac{1}{R'}$ se réduit $-\frac{1}{a}$. En exceptant le commencement du § III de ce Mémoire, que j'ai reprodu ici, il faut supprimer tout ce qui précède l'équation $\frac{1}{r}+\frac{1}{r'}=-\frac{1}{a}+\frac{d^2(r)}{dx^2}+\frac{d^2(r)}{ds^2}$ Ce qu'on vient de lire peut en tenir lieu.

et les deux lignes de principales courbures. Si nous eussions choisi d'abord ces coordonnées, il nous aurait peut-être été plus difficile de nous faire une idée claire des simplifications dues à la nature des mouvemens de vibrations des surfaces courbes, et de présenter ces simplifications, non plus seulement comme analogues à celles qui ont lieu par rapport aux simples plaques, mais bien comme leur étant entièrement identiques.

5. Avant d'introduire dans la formule

$$-\mathrm{SSN}^2\left[\frac{1}{r}+\frac{1}{r'}-\left(\frac{1}{\mathrm{R}}+\frac{1}{\mathrm{R}'}\right)\right]\delta\left[\frac{1}{r}+\frac{1}{r'}-\left(\frac{1}{\mathrm{R}}+\frac{1}{\mathrm{R}'}\right)\right]dm$$
$$+\mathrm{SS}\frac{\mathrm{N}^2}{2}\left[\left(\frac{1}{r}+\frac{1}{r'}\right)^2-\left(\frac{1}{\mathrm{R}}+\frac{1}{\mathrm{R}'}\right)^2\right]\delta dm$$

la valeur de $\frac{1}{r}+\frac{1}{r'}-\left(\frac{1}{\mathrm{R}}+\frac{1}{\mathrm{R}'}\right)$, tirée de l'équation (B'), nous ferons remarquer que le facteur $\frac{1}{r}+\frac{1}{r'}+\frac{1}{\mathrm{R}}+\frac{1}{\mathrm{R}'}$ du second terme peut être mis sous la forme $\frac{1}{r}+\frac{1}{r'}-\left(\frac{1}{\mathrm{R}}+\frac{1}{\mathrm{R}'}\right)+2\left(\frac{1}{\mathrm{R}}+\frac{1}{\mathrm{R}'}\right)$, et que, en nommant S le rayon de la sphère de moyenne courbure qui appartient à un des points de la figure naturelle de la surface, on a, conformément à ce qui a été dit n° 2, $\frac{1}{\mathrm{R}}+\frac{1}{\mathrm{R}'}=\frac{2}{\mathrm{S}}$.

Lorsqu'on effectue les substitutions convenables, la somme des termes généraux devient donc

$$-\mathrm{SSN}^2\left(\frac{d^2\rho}{ds^2}+\frac{d^2\rho}{ds'^2}\right)\delta\left(\frac{d^2\rho}{ds^2}+\frac{d^2\rho}{ds'^2}\right)dm+\mathrm{SS}\frac{\mathrm{N}^2}{2}\left(\frac{d^2\rho}{ds^2}+\frac{d^2\rho}{ds'^2}\right)\left(\frac{d^2\rho}{ds^2}+\frac{d^2\rho}{ds'^2}+\frac{4}{\mathrm{S}}\right)\delta dm\ (^*).$$

La simplicité de forme à laquelle ces termes sont arrivés, rend actuellement l'intégration facile. Cette opération va nous conduire à l'équation générale des surfaces élastiques vibrantes.

(*) Si, dans son état naturel, la surface appartenait au cylindre à base circulaire dont le rayon est a, on aurait $\frac{2}{\mathrm{S}}=-\frac{1}{a}$; et la formule précédente serait entièrement semblable à celle qui a été donnée dans le Mémoire déjà cité.

Dans le premier des termes généraux, on n'a pas égard à la vari[a]tion de l'élément de la surface; et dans l'intégration par parties, [cet] élément est traité comme constant. De même aussi, dans le secon[d] des mêmes termes, on ne s'occupe pas du changement de forme qu['a] éprouvé la surface, on considère seulement l'extension de l'élément [de] cette surface; et dans l'intégration, cet élément est seul regardé comm[e] variable.

En nous bornant à écrire les termes qui, après l'intégration par par[-]ties, restent sous le double signe SS, nous trouverons d'abord

$$SSN^2\left(\frac{d^2\rho}{ds^2}+\frac{d^2\rho}{ds'^2}\right)\delta\left(\frac{d^2\rho}{ds^2}+\frac{d^2\rho}{ds'^2}\right)dm = \ldots + SSN^2\left(\frac{d^4\rho}{ds^4}+2\frac{d^4\rho}{ds^2ds'^2}+\frac{d^4\rho}{ds'^4}\right)\delta\rho\, dm$$

Faisons encore observer, avant de procéder à l'intégration du secon[d] des termes généraux, qu'il convient d'écrire ici la valeur de dm tel[le] qu'elle résulterait de l'emploi des coordonnées orthogonales z', y', x' auxquelles nous avions d'abord rapporté les différens points de [la] surface.

On se rappellera que ces lettres ont été accentuées quand il s'est ag[i] de la figure *élastique* de la surface, et que l'élément dont la variatio[n] donne lieu au terme que nous allons intégrer appartient en effet à c[e] dernier état de la surface.

Cela posé, nous aurons $dm = dx'.dy'\sqrt{1+\left(\frac{dz'}{dx'}\right)^2+\left(\frac{dz'}{dy'}\right)^2}$

$\delta\frac{dm}{dx'dy'} = -\left(\frac{p'\delta\frac{dz'}{dx'}}{k'}+\frac{q'\delta\frac{dz'}{dy'}}{k'}\right)$; le terme qui nous reste à intégre[r]

sera $SS\frac{N^2}{2}\left(\frac{d^2\rho}{ds^2}+\frac{d^2\rho}{ds'^2}\right)\left(\frac{d^2\rho}{ds^2}+\frac{d^2\rho}{ds'^2}+\frac{4}{S}\right)\left(\frac{p'\delta\frac{dz'}{dx'}}{k'}+\frac{q'\delta\frac{dz'}{dy'}}{k'}\right)dx'dy'$

et, en n'écrivant que ceux des termes qui doivent rester sous le doubl[e] signe SS, nous trouverons

$$SS\frac{N^2}{2}\left(\frac{d^2\rho}{ds^2}+\frac{d^2\rho}{ds'^2}\right)\left(\frac{d^2\rho}{ds^2}+\frac{d^2\rho}{ds'^2}+\frac{4}{S}\right)\left(\frac{p'\delta\frac{dz'}{dx'}}{k'}+\frac{q'\delta\frac{dz'}{dy'}}{k'}\right)dx'dy'$$

$$=\left\{\begin{array}{l}\ldots-SS\frac{N^2}{2}\left(\frac{d^2\rho}{ds^2}+\frac{d^2\rho}{ds'^2}\right)\left(\frac{d^2\rho}{ds^2}+\frac{d^2\rho}{ds'^2}+\frac{4}{S}\right)\\ \qquad\frac{\left[\frac{d^2z'}{dx'^2}(1+p'^2+q'^2)-p'^2\frac{d^2z'}{dx'^2}-p'q'\frac{d^2z'}{dx'dy'}\right]}{k'^3}dx'dy'.\delta z'\\ \ldots-SS\frac{N^2}{2}\left(\frac{d^2\rho}{ds^2}+\frac{d^2\rho}{ds'^2}\right)\left(\frac{d^2\rho}{ds^2}+\frac{d^2\rho}{ds'^2}+\frac{4}{S}\right)\\ \qquad\frac{\left[\frac{d^2z'}{dy'^2}(1+p'^2+q'^2)-q'^2\cdot\frac{d^2z'}{dy'^2}-p'q'\frac{d^2z'}{dx'dy'}\right]}{k'^3}dx'dy'.\delta z'\end{array}\right\}$$

$$=\left\{\begin{array}{l}\ldots-SS\frac{N^2}{2}\left(\frac{d^2\rho}{ds^2}+\frac{d^2\rho}{ds'^2}\right)\left(\frac{d^2\rho}{ds^2}+\frac{d^2\rho}{ds'^2}+\frac{4}{S}\right)\\ \qquad\frac{\left[(1+q'^2)\frac{d^2z'}{dx'^2}-2p'q'\frac{d^2z'}{dx'dy'}+(1+p'^2)\frac{d^2z'}{dy'^2}\right]}{k'^3}dx'dy'.\delta z'.\end{array}\right\}$$

Selon la formule générale que nous avons rapportée dans le n° précédent, $\frac{(1+q'^2)\frac{d^2z'}{dx'^2}-2p'q'\frac{d^2z'}{dx'dy'}+(1+p'^2)\frac{d^2z'}{dy'^2}}{k'}$ est la valeur de $\frac{1}{r}+\frac{1}{r'}$: cette dernière quantité peut être mise sous la forme

$$\frac{1}{r}+\frac{1}{r'}-\left(\frac{1}{R}+\frac{1}{R'}\right)+\frac{1}{R}+\frac{1}{R'};$$

le second membre de l'équation ci-dessus peut donc être écrit de la manière suivante :

$$\ldots-SS\frac{N^2}{2}\left(\frac{d^2\rho}{ds^2}+\frac{d^2\rho}{ds'^2}\right)\left(\frac{d^2\rho}{ds^2}+\frac{d^2\rho}{ds'^2}+\frac{4}{S}\right)\left(\frac{d^2\rho}{ds^2}+\frac{d^2\rho}{ds'^2}+\frac{2}{S}\right)\delta z'dx'dy';$$

et en négligeant, comme on le doit ici, les quantités du second ordre, il se réduit à

$$-SS.\frac{4N^2}{S^2}\left(\frac{d^2\rho}{ds^2}+\frac{d^2\rho}{ds'^2}\right)\delta z'dx'dy'.$$

Il nous reste à rassembler les termes dont se compose l'équation de la surface; mais auparavant nous devons rendre compte d'u anomalie qui se fait remarquer entre leurs facteurs correspondar Tandis que les termes qui viennent de la première intégration so multipliés par $\delta\rho dm$, les termes dus à la seconde sont multipliés p $\delta z' dx' dy'$. Pour faire sentir la raison de cette différence, nous ra pellerons que l'ordonnée z étant la perpendiculaire menée l'origine au plan tangent à un point donné de la surface, cette o donnée n'est autre chose que la valeur du rayon vecteur ρ qui co vient à ce point, et que l'élément correspondant de la même surfa doit être exprimé par $dx'dy'$; en sorte que $\delta z'.dx'dy'$ est une vale particulière de $\delta\rho dm$. Si l'on réfléchit au procédé qui a été suivi da l'intégration relative au second des termes généraux, on ne s'éto nera pas d'avoir ici une valeur particulière, au lieu de la valeur g nérale. En effet, on a regardé $\left(\frac{d^2\rho}{ds^2}+\frac{d^2\rho}{ds'^2}\right)\left(\frac{d^2\rho}{ds^2}+\frac{d^2\rho}{ds'^2}+\frac{4}{S}\right)$ comm constant; on s'est donc interdit de passer d'un point à un autre la surface, ce qui revient à considérer un seul des élémens de cet surface.

Le résultat obtenu doit s'étendre à la surface entière, nous devo donc remplacer $\delta z'.dx'dy'$ par $\delta\rho dm$. En effectuant cette substitutio et en ayant égard aux signes qui ont été attribués aux termes gé géraux, nous trouverons que la somme des termes affectés du doub signe SS se réduit à

$$-SSN^2\left(\frac{d^4\rho}{ds^4}+2\frac{d^4\rho}{ds^2ds'^2}+\frac{d^4\rho}{ds'^4}\right)\delta\rho dm+SS.\frac{4N^2}{S^2}\left(\frac{d^2\rho}{ds^2}+\frac{d^2\rho}{ds'^2}\right)\delta\rho dm.$$

Pour arriver à l'équation cherchée, nous égalerons ensuite cett somme au terme $SS\frac{d^2\rho}{dt^2}\delta\rho dm$, représentant l'action des forces accé lératrices qui agissent suivant la direction du rayon vecteur ρ. Ainsi nous écrirons

$$-SSN^2\left(\frac{d^4\rho}{ds^4}+2\frac{d^4\rho}{ds^2ds'^2}+\frac{d^4\rho}{ds'^4}\right)\delta\rho dm+SS.\frac{4N^2}{S^2}\left(\frac{d^2\rho}{ds^2}+\frac{d^2\rho}{ds'^2}\right)\delta\rho dm=SS\frac{d^2\rho}{dt^2}\delta\rho dm.$$

Après avoir fait disparaître à la fois les signes d'intégration et les facteurs communs, nous aurons

$$N^2\left[\frac{d^4\rho}{ds^4}+2\frac{d^4\rho}{ds^2ds'^2}+\frac{d^4\rho}{ds'^4}-\frac{4}{S^2}\left(\frac{d^2\rho}{ds^2}+\frac{d^2\rho}{ds'^2}\right)\right]+\frac{d^2\rho}{dt^2}=0\ldots\ (C).$$

Cette équation est générale; elle appartient à la surface courbe-élastique-vibrante : et les différentes valeurs qu'on peut attribuer au rayon S de moyenne courbure la rendent applicable à toutes les courbures possibles. Par exemple, s'il s'agit d'une surface sphérique, le rayon de moyenne courbure sera constant et égal, dans tous les points de la surface, à celui de la sphère même. La surface plane pouvant être considérée comme une surface sphérique dont le rayon de moyenne courbure est infini, les termes multipliés par $\frac{4}{S^2}$ devront disparaître; et en effet, l'équation (C) deviendra alors semblable à celle qui convient aux plaques vibrantes.

A l'égard de la surface cylindrique à base circulaire, le rayon de moyenne courbure est aussi partout le même; et si a représente le rayon de la base, on a $\frac{4}{S^2}=\frac{1}{a^2}$. En mettant, au lieu de $\frac{4}{S^2}$, sa valeur, l'équation (C) sera identique à celle que j'ai donnée n° 14 du Mémoire dont il a été déjà parlé.

Si l'on excepte les cas où la somme des raisons inverses des rayons de principales courbures serait partout la même, cas dont ceux qui précèdent offrent les plus simples exemples, le rayon S de moyenne courbure reçoit, dans chacun des points de la surface, une valeur différente. Cette circonstance fait pressentir de grandes difficultés dans la recherche des intégrales et dans leur application. Je me propose d'examiner, par la suite, si la considération des valeurs moyennes qui, comme j'ai eu occasion de le remarquer, m'a plusieurs fois conduite à des simplifications inattendues, ne pourrait pas être employée ici sous un point de vue nouveau. Ainsi, jusqu'à présent, c'est uniquement par rapport à sa distribution autour d'un des points de la surface, que nous avons considéré la valeur moyenne de la courbure. En regardant actuellement cette quantité de courbure comme déterminée, par rapport à chacun des points de la surface, on pourrait chercher quelle est la somme de la courbure qui, entre des limites données, appartient à la surface pour laquelle la valeur du rayon S change d'un point à un autre.

J'ai lieu de présumer que, sous des conditions déterminées, u intégrale particulière, applicable à une surface dont la courbu serait partout uniforme, pourrait aussi rendre compte des mouveme d'une autre surface qui différerait de la première, uniquement en que la même somme de courbure serait inégalement répartie ent les divers points. Je ne pourrais, sans sortir des bornes que je suis prescrites, revenir sur des recherches qui appartiennent à u question secondaire, pour faire sentir l'analogie des considératio présentes avec celles qui m'ont guidée dans l'emploi des épaisse moyennes. Ces considérations, ainsi isolées, perdent sans doute bea coup de leur vraisemblance; il m'a cependant paru que c'était le li d'exposer ce premier aperçu. J'attendrai, pour en développer les co séquences, qu'un travail plus approfondi m'ait mise à même de le donner le double appui du calcul et de l'expérience.

FIN.

www.ingramcontent.com/pod-product-compliance
Ingram Content Group UK Ltd.
Pitfield, Milton Keynes, MK11 3LW, UK
UKHW021039200726
13857UKWH00005B/1823